植 物 风 格

我的植物生活
新提案

U0289867

—

Plant Style

How to Greenify Your Space

—

[澳] 阿兰娜·兰根 (Alana Langan)

[澳] 雅基·维达尔 (Jacqui Vidal)

著

[澳] 安妮特·奥布赖恩 (Annette O'Brien)

摄影

余传文

译

中信出版集团 | 北京

图书在版编目（CIP）数据

植物风格 / (澳) 阿兰娜·兰根, (澳) 雅基·维达
尔著 ; (澳) 安妮特·奥布赖恩摄影 ; 余传文译 . -- 北
京 : 中信出版社 , 2019.11（2022.1重印）
书名原文 : Plant Style : How to Greenify Your
Space
ISBN 978-7-5217-0950-6

Ⅰ . ①植… Ⅱ . ①阿… ②雅… ③安… ④余… Ⅲ .
①园林植物－室内装饰设计－室内布置 Ⅳ . ① TU238.25

中国版本图书馆 CIP 数据核字（2019）第 183014 号

PLANT STYLE: HOW TO GREENIFY YOUR SPACE
© 2017 Thames & Hudson Ltd, London
Text © 2017 Alana Langan & Jacqui Vidal
Photography © 2017 Annette O'Brien
Published by arrangement with Thames & Hudson Ltd, London
Simplified Chinese translation copyright: 2019 © CITIC Press Corporation
All rights reserved.

本书仅限中国大陆地区发行销售

植物风格

著　者：［澳］阿兰娜·兰根　［澳］雅基·维达尔
摄　影：［澳］安妮特·奥布赖恩
译　者：余传文
出版发行：中信出版集团股份有限公司
　　　　（北京市朝阳区惠新东街甲 4 号富盛大厦 2 座　邮编　100029）
承 印 者：北京雅昌艺术印刷有限公司

开　本：787mm×1092mm　1/16　　印　张：10　　字　数：100 千字
版　次：2019 年 11 月第 1 版　　印　次：2022 年 1 月第 4 次印刷
京权图字：01-2019-4220　　　　广告经营许可证：京朝工商广字第 8087 号
书　号：ISBN 978-7-5217-0950-6
定　价：78.00 元

Plant Style

目录
CONTENTS

一

Introduction

前 言

雅基·维达尔和阿兰娜·兰根

当人们步入一间绿意青翠的房间时，他们总会心生别样的情愫，通常还会不由自主地露出微笑。这便是室内设计师格外钟情植物的原因。比起无生命的器物，用植物装点我们的家也许会耗费很多心思，但它们带来的回报会让你感觉一切都是值得的。植物能让空间更加柔和、温馨，也能唤起我们对自然的向往，让我们倍感喜悦。它能为家带来生机，把家打造成温柔的庇护所，让在外忙碌了一天的我们回到这里后能够好好放松。植物就是拥有这般力量，能把普通的房子转化成一处充满魅力的居所。

2014 年建立植物工作室 Ivy Muse 的时候，我们希望绿意盎然的空间能激发自己的创造力。我们是相识多年的好友，一个是室内设计师，一个是艺术策展人，都对设计和植物抱有无限热忱。尽管成为植物爱好者已久，但我们始终保持着对所有与植物相关的事物的兴趣，且这一兴趣与日俱增。我们会在脑海中不断推敲每个设计，让植物能禁得起时间的考验，满足不同类型的需求。我们热爱这份工作，与植物打交道是如此鼓舞人心且回报丰厚，这吸引着越来越多的室内植物爱好者加入这个热情洋溢的群体。

我们每天都能听到顾客说："我很想创造一个绿意盎然的家，但不知从何入手。"于是我们写了这本书。本书从基础知识开始，比如哪种植物应放在哪个位置，需要哪些工具，等等，循序渐进地教人们如何利用植物创造吸引人的空间。我们分享了用植物塑造空间风格的种种技巧，并且展示了如何布置一个以植物为主题的桌台、一个如同丛林般的房间；我们还给出了许多实用的建议，帮助你把植物引入家里的每个房间。书中提及的都是我们钟爱的植物，其中绝大多数都可以在你家附近的植物店和苗圃买到，它

们易于打理，生命力顽强。我们会针对新手和老手提供多种植物选择方案。在写这本书的过程中，我们选用了这些植物的通俗名称，在书后的"植物索引"中可以查到每个品种的学名。

也许你与植物的缘分刚刚开始，还在摸索从何入手；也许你已是植物发烧友，拥有花样繁多的收集；也许你寄身空间逼仄的城市公寓；也许你坐拥宽敞的郊区别墅……无论哪种情况，这本书都能帮到你，帮助你选择植物、安排植物、用植物打造风格别致的家，用绿意装点每一寸空间。

1

—

What is
plant styling?

何谓植物风?

家无论大小，每一处空间都能变成独一无二的存在，展示出我们是怎样
的人，我们热爱什么。正是无数微小的细节——这里一处别出心裁的布
置，那里一件爱不释手的物件——塑造了我们的家。
而拥有明星般气质的植物，能让我们的空间熠熠生辉。

用植物为家塑造风格并不是新兴的概念。古埃及人最早把植物用作室内空间的装饰品，在距今上千年的古墓中亦有盆栽植物的残迹发现。到了 15 世纪，室内植物开始在欧洲大陆普及，来自异域的植物成了抢手货。

在维多利亚时代（1837—1901），源自热带地区的植物开始在室内养殖，其中许多品种延续至今。在那个时代，新世界的探险家把这些植物从其原生地源源不断地引进到自己的国家。但直到 20 世纪 50 年代，室内植物才成为司空见惯的装饰，这得益于大众对流苏吊盆、植物架、玻璃容器等家居配饰日渐高涨的喜爱。

到了 20 世纪 70 年代，种植室内植物成为风尚。植物的运用甚至定义了那个年代的家庭装饰风格。你只须翻阅一下旧杂志或稍稍在网络上搜索一下，便可知当时人们对室内植物的热情。那时，每个人都或多或少懂得一些在家中养植物的知识。

时至今日，现代极简的家庭装修风格越来越流行。与之相伴而来的是大家对"柔化硬线条空间"及"与自然重新建立联结"的巨大渴望。

与植物一起生活

无论你是希望把整栋房子都变成丛林般的自然空间，还是只想在某些角落增添些许绿意，都需要谨记：植物并非纯粹的装饰品。它们是活的，会生长，可能会变得杂乱，而且时刻处在变化之中。这正是它们如此美妙的原因。

有一种理论认为，人类会被其他生命体吸引，对此我们欣然同意。照料植物能带来许多好处，从长期看来，它会让生活变得充实丰富；它会让我们从每天的喧嚣忙碌中抽离出来，独自面对自己，安静地沉思片刻。

照料植物可以成为充满乐趣的体验，还能让家人参与进来。孩子们就很喜欢给植物浇水，看它们的新叶慢慢舒展。此外，培育室内植物亦有助于社会交往：我们可以和朋友交流植物的养护经验，与邻居互赠切花，甚至以此为契机加入某个植物爱好者组织。

种植室内植物不会耗费你太多钱财。有些大型植物和珍奇品种会比较贵，但大部分植物物美价廉。当你的家居软装早已不再时髦，室内植物依然常绿如新、茁壮生长，能继续陪伴你多年。

室内植物有益身心健康。研究表明，这些绿叶朋友能够有效改善室内环境，提升幸福感。它们是天然的空气过滤器，可以吸附空气里的有毒物质，比如家具和地毯中的化学成分，以及黏合剂释放的有害物质。与此同时，室内植物还能缓解人的压力，激发创造力，提升工作效率。

如果你还没被打动，还有一个难以抗拒的理由：它们真的很漂亮！在架子上精心布置一株植物，能产生强烈的视觉冲击力；一棵醒目的大型植物，能在转瞬之间点亮房间灰暗阴沉的角落。窗台上的几盆花草、满屋的绿意青葱都能让你的家更美好。

基础知识

"用植物塑造室内风格"不是严谨的科学论述，并没有固定的原则——当然，首先要把植物养活。但掌握一些有用的知识有助于了解家中不同空间的环境条件，在发觉情况不妙时立刻对植物采取措施。这些基础知识是创造美和乐趣的关键。知其所以然并稍加练习，你便能在最短的时间内成为利用植物塑造室内风格的高手。现在你需要的只是一些实用的建议和技巧。别担心，我们这就开始吧！

设计构思

首先要确定你想要的效果。可以借助网络，也可以翻阅杂志、书籍，寻找打动你的图片。一旦找到了心仪的植物和布置样式，便可以开始评估你的空间，看看是否具备实现这种效果的种种条件。

好好审视你的空间，仔细测量，以便深入了解空间特性。不妨试着想象，你心仪的植物在这个空间里会塑造怎样的场景。如果凭空想象有些困难，可以用笔在纸上画一画。构思的时候别忘了室内设计的两个基本要素：尺度和比例。一般而言，空间越宽阔，所选植物就可以越大。

此外，还需要考量你家的装修风格，是传统风、现代风、波希米亚风，还是其他类型？室内基础色调是什么？家具又是何种样式？这些既有因素都会影响植物选择和设计构思。要留心观察家中成员使用空间的习惯，如果有顽皮的孩子或宠物，就不要在咖啡桌上摆放娇弱的盆栽植物了，他们会以不断弄翻它为乐。

购买植物

当你熟悉了家里的空间，也锁定了心仪的植物后，就可以购买了。记得向卖家询问植物的养护信息，并把它们牢记在心。

塑造风格

这一步可以多花些时间，不用着急，享受这个过程。在整个空间里调整摆放每个盆栽，尝试各种位置、多种组合，直到满意为止。最后，离远一点坐下来欣赏自己的成果吧！

专家说

在塑造室内风格时，我最喜欢用的是一种来自巴西的仙人掌科植物——蟹爪兰。

最开始我是被它炫目的亮粉色花朵吸引住的，它们宛如飞舞的小鸟。

但后来，它那不可思议的、骨骼状的茎给了我更大的震撼：

一节节连接起来的茎散发着原始的气息，同时又极具现代感。

还有，它真的很好养，完全没有挑战。

希瑟·内特·金（Heather Nette King），室内设计师、作家

波斯顿蕨和绿萝

休斯科尔球兰、蟹爪兰和镜面草

2
—
Choosing your plant gang

选择植物组合

如今市面上的室内植物种类繁多，越来越多的新品种以前所未有的速度涌入市场。一方面，这让我们的选择大大增加；另一方面，这令我们应接不暇，难以取舍。

接下来给出的这些建议可以让你选择植物组合时轻松许多。

What to look for

选购的要点

植物的生长模式

在选购某种植物之前，先预估一下它的尺寸，以及它将来会长成什么样子。一些室内植物在出售前就已差不多长成了，达到了成熟植株的尺寸。比如荷威椰子，它大概要花 6 年才能长到两米左右的高度。所以在购买大型植物时，选择已经成熟的植株要比买幼苗回家慢慢养力省力很多。当然，如果你更钟爱中小型植物，你的需求也能得到满足。

如果不换盆和扩繁，小而稀疏的独杆植株不可能长成丰满丛生的形态。所以在购买时，尽量选择最饱满、最繁茂的那一株。还有很多植物，比如心叶藤、澳洲大叶伞和琴叶榕，在买回家后还会继续稳定地生长。每种植物的长势不同，购买前最好多做些研究。

春天给植物换盆能促进其生长。当你发现花盆底部的排水孔里有根系钻出，或是土层表面有网状细根出现——这些就是植物需要换盆的信号，请及时把它移入大一号的花盆里。如果植物太老或太娇嫩经不起换盆，或是尚未发现明显的换盆信号，但此时花盆里的土壤已经碎裂、了无生气，怎么办？可以通过更换表层土壤来解决：轻轻挖去最上面几厘米的陈旧土壤，注意不要伤到植物根部，然后填入新鲜的盆栽土。

选择健康的植物

虽然植物拥有很强的恢复能力，但在购买时还是不要选择状态不好的植株，状态不好意味着它们没有生长在理想的条件中。为了确保你的室内种植拥有一个良好的开端，尽量选择健康繁茂的植株，这能让你的投资得到更好的回报。

拥有许多新芽、根部土壤湿润、叶片强健有生机的植株正是你的理想选择——茁壮的长势总是好的。不要选择叶片枯黄、枝条光秃衰弱的植株。购买时须仔细地挑选比较。在资金允许的条件下尽量选择丛生、分枝更多的植株。有时候商家会把一棵丛生的植物分成单枝来卖，丛枝整买能帮你省钱。

澳洲大叶伞

花朵

像红色皱叶椒草和白鹤芋这样的开花植物一般会在开花时出售，这是为了吸引买家的眼球。它们的花朵可以维持数月，但最终还是会凋谢。如果一直维持理想的环境条件，它们有可能反复开花。但这种情况在家中较难实现。

优秀的室内植物在花朵凋谢后依然能保持美丽。如果购买时并未带着花朵，可以询问一下卖家它们是否刚刚开过花，还有这种植物的花期一般是什么时候。一切取决于你的个人喜好——买来时开花与否不会影响它们日后的茁壮生长。

植物大小

"尺度"和"比例"是室内设计的两个基本要素，我们在用植物塑造空间时需要仔细考量、反复推敲。一般说来，空间越宽阔，所选植物也可以越庞大。但在实际操作中，你需要根据整体效果以及植物与室内其他物品的关系具体考虑。

小型植物通常生长在直径 5~13 厘米的花盆中。许多发散状植物都属此类，比如球兰、丝苇和空气凤梨。精巧的体量使这些小型盆栽特别适合摆放在窗台、桌面和书架上。其中有像爱之蔓这样体态娇小、叶片精致玲珑的植物，也有一些外形更大、更具雕塑感的种类，比如绿萝（绿萝虽然叶片硕大，但可以生长在小花盆中，所以属于小型盆栽）。有时候同一种植物可能会出现在不同尺寸的花盆里。比如孔雀竹芋，在幼年期通常养在小玻璃缸中，长大后又会成为中型盆栽植物，应用十分广泛。

小型植物适合摆放在能被轻易看到的位置。所以，如果你把小小一盆空气凤梨塞在布满书本和装饰品的墙面上就不太明智了——纷乱的背景让人很难发现小植物的存在，效果大打折扣。给小型植物选择位置时，最好让它们成为那个场景里的视觉焦点。床头、桌台、浴室柜都是理想的地点。你还可以发挥创造力，营造一个适合它发挥的"舞台"。精心布置过的植物，哪怕只有一棵，也能产生极强的视觉效果。拥有长须的小植物，比如爱之蔓，甚至有不输大型植物的视觉震撼力。

龟背竹、橡胶榕和澳洲大叶伞

中型植物一般生长在直径 15~30 厘米的花盆里。地板，植物立架，桌子、衣橱、电视柜等大件家具的顶部，还有房间里的尴尬的位置——摆家具嫌局促，什么都不放又嫌空旷，都是中型植物施展拳脚的"舞台"。中型植物能够点亮昏暗的角落、填满空荡的架子，它们出现在与视线同高度的位置，形成一道美丽的风景，吸引众人的目光。澳洲大叶伞、龟背竹、橡胶榕等都是深受欢迎的中型植物。

如果空间足够宽裕，可以容下大型植物（花盆直径在30厘米以上），它们将会成为室内的亮点。大型植物可以有效地填充空间，柔化空疏生硬的设计，还能创造美好的视觉体验，使眼睛流连忘返。有些大型植物具有横向伸展的枝叶，它们能成为富有趣味的视觉焦点，也能制造充满戏剧感的场景画面。澳洲大叶伞、仙人掌、荷威椰子、琴叶榕等都是优秀的大型植物。需要注意的是，大叶片容易吸附灰尘，这会降低它们接收光照的能力，从而影响生长。我们可以用柔软的湿布定期擦拭叶面，擦拭的时候力道要轻柔一些，不要伤到叶片。

澳洲大叶伞、荷威椰子和琴叶榕

植物需要什么

光照

光照是选择植物时需要重点考虑的因素。没有光照，什么植物都无法成活。在北半球，向南的窗户得到的光照最多；在南半球则是朝北。大多数室内植物都能在朝南向阳且有阳光遮滤的窗边位置良好生长——在东西向的窗边也可以，甚至更好。在有遮滤的阳光下表现优异的植物有：垂叶榕、天堂鸟、澳洲大叶伞和球兰。

阳光的强度会随着季节改变。秋冬季清晨在向阳窗边的柔和光线，到了夏季正午可能会变得强烈毒辣，导致叶片被灼伤。佛珠、吊兰、虎皮兰、仙人掌和多肉植物不惧阳光直射，很适合摆放在这个位置。还有一些植物能够忍耐弱光环境，比如向北的窗边，绿萝、一叶兰、丝苇、雪铁芋和白鹤芋都是很好的选择——虽说如此，如果能得到更多的阳光，它们可以长得更繁茂。若你想在房间里阴暗的角落摆放植物，不妨每天把它们搬到较明亮的位置晒上几个小时的太阳，这对它们的健康成长很有帮助。

天堂鸟、垂叶榕和澳洲大叶伞

温度和湿度

大多数室内植物的适宜生长温度为 18~23℃，这在现代家庭中很好实现。另一个指标——空气湿度——就不那么容易掌握了。你可以购买湿度计来监控家中空气的湿度，也可以仔细观察一些肉眼可见的说明空气湿度较高的迹象，比如玻璃窗内壁上有水珠凝结、墙上出现水渍甚至霉斑。低湿度容易出现在冬天，因为那时天气寒冷且室内开启了暖气或空调。如果你感到持续的喉咙干哑、皮肤干涩，而且在触摸金属和化纤物品时常常产生静电，那么此时的空气湿度已经很低了。

如果室内空气过于干燥，我们可以在每天日出之前，或早上开启供暖系统为房间加热之前，给植物喷洒水雾。我们还可以准备一个托盘，里面铺上一层石子，然后往托盘里注水，让水面不要没过石子，再把盆栽放在石子层上。这样一来，水的蒸腾作用让局部空气湿度增加了，植物也不会泡在水里。市面上出售的专用的"加湿托盘"依据的正是相同的原理。除此之外，空气加湿器和空气干燥器也可以帮助我们控制湿度。

检查一下你的每棵植物最适宜哪种湿度环境。喜爱高湿度的植物有铁线蕨、空气凤梨和镜面草等。若在家中种了这些植物，需要时时关注它们的状态，一旦发现枝叶打蔫，或是发现了明显的空气干燥迹象，请立即用上述方法进行加湿。

营养

植物需要氮、磷、钾才能生长繁茂，而它们都存在于植物肥料之中。当你从苗圃把植物搬回家时，花盆土壤里已经带有一些肥料，但它们会随着时间慢慢消耗，需要定期补充。建议每隔 3 个月给植物补充一次肥料，与土壤混合好，加到花盆里。对于需土量较小的植物，比如仙人掌和多肉植物，每隔 6~8 周补充一次比较理想。但要切记：只能在植物的生长期内施肥，即春季和夏季，在休眠期施肥会导致植物死亡。另外，市面上的肥料品种繁多，要针对植物的生长需求，选择最合适的。

爱之蔓、红叶球兰和空气凤梨

3

Plant
accessories

植物配件

品种繁多的不只是植物，你还需要从琳琅满目的植物配件中选出合适的，
把它们与植物完美地搭配在一起。
搭配的黄金原则是：
不要让配件喧宾夺主，而是利用它们使植物变得更加"完整"。
毕竟植物才是主角。

三色球兰、红叶球兰、绿萝和空气凤梨

花盆

每个家中可能都有一两个陶土花盆。实际上，可以用作植物容器的材料有很多：陶瓷、石头、水泥、玻璃、防水纸……选择层出不穷。

当你为新植物选配花盆时，请仔细思考使用它的方式。先测量一下植物买来时自带花盆的尺寸，便可知新盆应该选择多大的体量。接下来，你可以直接把植物从原盆中取出，移栽入新盆；也可以把植物连带着原盆一齐嵌套在新盆里，这样新盆便是一个装饰性外壳。如果你选择了前一种，那么最好在移栽前先让植物在你家中待上两周时间——太着急移栽会给植物带来巨大的刺激，导致植株受损。最佳的移栽时机是植物生长期刚刚开始的时候，通常是在春天。另外，每次换盆最好只在宽度和深度上增加 5 厘米左右——直接把植物移栽进太大的花盆未必是件好事，这会给根系留下太大的拓展空间，植物通常会先发育根系，待根系填满花盆后再着力生长地面以上的部分。换言之，换入的花盆过大反而会减慢枝干茎叶的生长速度。体量过大的花盆还会积蓄过多的水分，可能导致根系腐烂。

排水配件

如果你用的是底部有排水孔的花盆，再用一个接水托盘与之相配会是很好的选择。它能把流出的水承接住，使你可以放心大胆地给植物浇水，不必先把盆栽移置室外或水槽里才能进行。我们可以用一个较大的花盆套在外层，把接水托盘藏在里面，也可以挑选好看的托盘，使之成为装饰的一部分。当托盘里的水将满时记得及时清空。还有些植物无需排水措施也能成活，可以把它们种在好看的花瓶里。如果你选用底部没有排水孔的花盆种植物，那在浇水时务必格外小心，每次只以最小计量浇水。如果不小心浇过量了，须尽快拎起花盆把多余的水倒出来——植物若在过量的水分中浸泡太久就挽救不回来了。你还可以选择"自动浇水花盆"，它的底部有储水隔层，连接着一个输水管，能够保持盆内土壤湿度。对于常出门旅行和总是忘记浇水的朋友来说，这真是超级实用的发明。

接下来就是比较有趣的内容了！先问下自己：是否钟情独一无二的手工花盆？喜欢粗粝的质感还是光滑的？偏爱艳丽的色彩还是素雅的？喜欢简洁的形状还是复杂的？确定了心中所想后，便要思考如何利用它们，使你的植物更加"完整"，让植物和花盆与你家整体风格完美相配。

如果你要搭配的是外形精巧纤弱的植物，形状简洁、色彩浅淡的花盆较为适合。若植物拥有强劲、有雕塑感的外形，或带有鲜艳醒目的色彩，我们可以用具有强烈视觉冲击力的花盆与之相配，使效果更加突出；当然也可以选择简洁的花盆，使整体看起来柔和一些。大型植物宜搭配醒目惹眼的容器，比如表面有彩绘或花纹图案的花盆；庞大的植物体量使你不必担心它们会被繁复的纹饰淹没。

你可以大胆使用艳丽的色彩和图案，也可以保守一点，把色彩限定在素雅的黑白灰色系之内。后者普适性更强，可以应用在几乎所有

类型的空间里面。别忘了还要仔细考虑把盆栽摆放在家中哪个位置。与背景墙壁产生一些对比会让盆栽更加突出。浅色墙壁可以反射房间内的光线，有助于植物生长。而深色墙壁不太适合用作同为深色的植物和花盆的背景，除非你并不介意植物是否成为视觉焦点，或是有意制造情绪浓重的空间氛围。

有些花盆既可以摆放在室内，也能用于室外盆栽，在使用中具有极大的灵活性。当你看腻了室内盆栽，只须把它移置室外，换种新的植物，便能得到焕然一新的体验。此类花盆宜选择中性色彩，这样它们就可以在漫长的岁月里胜任不同的角色，在不同的位置上都能有良好的表现。

专家说

我倾心于那些有着"柔软"特质的植物，并常想象把它们放入室内空间后的效果。

没有太强结构性、枝叶松散，但能给人无限遐思的植物是我的最爱。

我选择的植物组合通常具有统一的色调。

另外，我对攀爬形植物情有独钟。

西莫内·哈格（Simone Haag），设计师

白鹤芋、荷威椰子、绿萝和铁线蕨

植物立架

植物立架在 20 世纪 70 年代一度非常流行，最近几年大有复兴之势。它们可以提升植物盆栽的高度，使之更加突出显眼。除此之外，立架还能让植物装饰空间的方式更加灵活多变，给你在展示植物时带来许多创意。

今日市面上的植物立架有许多现代感十足的设计，有不同形态、不同色彩可供选择。中性的黑白色是最稳妥的，但也须结合植物和花盆一起考虑，力求整体效果完整统一。你也可以选择其他颜色的立架；作为一种装饰元素，它们完全可以是鲜艳夺目的。

再次强调一下，选择植物立架时一定要仔细考虑与之相配的植物和花盆状貌如何。同一个立架，搭配上直立形植物和拖垂形植物所呈现的效果截然不同。你要不断尝试比较，直至找到最佳组合，使你的植物得到最完美的搭配。

吊篮和板架

如果你家空间有限，那么尽量在竖直方向上做
文章。在市面上可以买到许多配有种植盆的吊
篮和板架，亦有多种材料可供选择，比如涂层钢、
木材、陶瓷、塑料，甚至回收材料。花样繁多，
形式多样，特别适合用在小空间里，比如浴室、
小套间等。

吊篮通常固定在天花板上，也可以悬吊在墙
钩或柜架上——记得事先确认它们的承重能力。
还有一些特别设计的立架，专门用于盛放吊篮，
我们可以巧用它创造新颖的植物布置方式。

镜面草、丝苇和花叶休斯科尔球兰

玻璃容器

易维护的特点和与众不同的美感，使"玻璃生态缸"越来越受欢迎。它能创造一个封闭的生态系统，只要保证密闭性，这个透明的小环境可以实现水分循环，无须再浇水。

其中的一个分类"苔藓缸"，即玻璃容器内只种植苔藓类植物，堪称是"活着的艺术品"。缸体可以是任意尺寸、任意形状，盖子和基垫亦有多种材料可选，如大理石、软木等。

它需要的养护极少。对于没有太多空闲时间或不大会照料植物的人而言，玻璃生态缸是极佳的选择。

专家说

无论你家的装修风格是新潮的或是怀旧的，

色彩是冷峻的或是鲜艳的，都能有室内植物的一席之地。

首先要关注植物的形态。

它是枝条开展的还是类圆球外形？枝叶疏朗还是繁茂密实？

根据房间的装饰风格选择适宜的植物相配，

它们能为空间平添一份美妙的生机。

希瑟·内特·金，室内风格设计师、作家

苔玉

苔玉指用苔藓包裹住植物根部的土球，是一种源自日本的传统技法。现代版苔玉还会在此基础上于最外侧增加一层无纺布，用以进一步隔离和保护土球，让外观更加整洁——传统苔玉会随着植物生长不断剥落苔藓。

种植绿萝和丝苇时常会使用苔玉。这种方法能创造出极富艺术感和视觉冲击力的外观，并且可以维持许多年。

苔玉可以与植物立架结合使用，也可以悬吊在天花板、墙壁以及书架上。它们的养护相当简单：每隔 10 天左右将苔玉取下，在水中充分浸泡，之后拿到户外阴凉处沥干一会儿，再复归原位——似乎没有比这更简单的养护过程了。

支撑杆

种植茎干细长柔弱的植物时，支撑杆是不可或缺的配件，它能防止倒伏，有益于植物健康生长。支撑杆还可以作为一种设计元素，为盆栽增添装饰性。它不仅能展现蔓生植物的自然之美，还能使之竖向生长，成为饶有趣味的艺术小品。

空气凤梨配件

空气凤梨配件在好几年前就出现了，但今天的设计与之前相比，在外观上有了很大改变。以前人们倾向于自然取材，比如用布满苔藓的树枝做支架，还会把好几棵空气凤梨成组布置在一起。现在的设计更加简洁，每个配件上只摆放一棵空气凤梨，材料多为钢铁、黄铜、陶瓷等，这样可以使人们的目光集中在植物身上，展现空气凤梨独特的美感。

Air plants

植物小像：空气凤梨

空气凤梨是一类品种繁多的凤梨科植物。正如它的名字所示，这类植物可以直接"种"在空气里，不需要土壤。它们可以通过叶片吸收空气中的水分和养分。在野生环境中，空气凤梨通常会附着在其他植物的枝干上生长。在室内种植时，我们需要给它浇水，只不过浇水的方式与其他植物不同。

浇 水
用喷水雾的方式浇水，每周 2~3 次。松萝凤梨可以用浸泡方式浇水，每周一次，每次 10 分钟。

光 照
空气凤梨最喜爱明亮但有遮挡的光照环境。它不能暴露在直射的太阳光下，会被灼伤。

布置建议
空气凤梨可以为室内空间平添一份别样的情趣，它们的外观和生长方式与其他室内植物截然不同。我们可以用多种方式展现它们最美的一面：悬吊起来，挂在墙上，摆在配件托架上，或是盛放在浅盘中。

4

—

Plant styling principles

塑造植物风格的原则

本章里介绍的一些基本原则，会在你塑造植物风格的过程中反复用到。一旦你掌握了这些原则，就能在设计中灵活地运用它们，使创造过程变得轻松愉悦。只要勤加练习就能日趋完美。不要害怕尝试，大胆去做吧！

识别形态

室内植物共有 5 种基本形态，每种形态都有其独特的美感。识别并了解这些形态可以帮助你更好地搭配它们，创造出富有趣味的植物组合。比如用灌丛形或拖垂形植物搭配树形植物，可以让后者看起来更加柔和；而直立形的植物宜配合醒目、冲击力强、有雕塑感的装饰元素，使整体效果更加突出。

不要忘记，这些植物的形态会随着生长慢慢变化。把它们带回家前，请先思考这些植物的形态是否符合你家的气质；它们未来会长成什么样子，是否会一直维持现有形态；如果不能维持，那么之后的形态是否还适用于现在的环境。

花结形

花结形植物的叶片大致呈圆轮状分布，且基本处在同一高度。叶片从植物冠部直接长出，使植株的整体外观好似一朵花。花结形植物拥有非常吸引人的单体效果，也能和其他植物形态搭配，产生饶有趣味的对比感。常见的花结形植物有凤梨、美丽石莲花、龙舌兰、鸟巢蕨和多种空气凤梨。

灌丛形

灌丛形植物的宽度和高度基本相等，有多股茎干一齐从基部伸出。密实的外形使它们很适合用作绿色背景，还可以用来遮挡墙壁上的电线和插座，非常实用。常见的灌丛形植物有铁线蕨、荷威椰子、镜面草、棕竹和巴西铁树。

荷威椰子

垂叶榕

树形

树形植物通常具有唯一的主干，其他枝
叶从这根主干的上部展开。它们是塑造
风格的利器。树形植物宜单独欣赏，这
样它们的形态特征能被更好地观察。你
也可以把它加入植物组合，使视觉效
果更加丰富。常见的树形植物有琴叶榕、
橡胶榕、垂叶榕和无花果。

绿萝

挺立形

挺立形植物沿着竖直方向直挺挺地生长，故能与其他植物形态构成鲜明的对比。当挺立形植物与花结形、灌丛形或较小的拖垂形植物搭配在一起时，可以使它原有的硬朗外观柔和下来。成组使用不同种类的挺立形植物，能得到非常壮观的效果：整体呈现高低起伏的拱形轮廓，其中又能观察到每种植物独有的细节特征。常见的挺立形植物有虎皮兰、龙骨、大鹤望兰和白鹤芋。

攀爬形和拖垂形

攀爬形和拖垂形植物拥有细弱、卷曲的茎，便于附着在其他物体上。凭借这一特质，我们可以把它们牵引至任意位置。它们可以从一排架子上倾泻而下，也可以沿着立杆盘旋而上，还可以靠着墙壁蔓延展开，呈现方式多种多样。常见的攀爬形植物有绿萝、心叶藤。玉珠帘和丝苇是很优秀的拖垂形植物。比较特殊的是球兰，它既能攀爬，也能拖垂。

Grouping plants

单独一棵植物或许也很好看，但当许多植物组合在一起时，它们能迸发出更蓬勃的生机。有多种搭配方式可供选择，但你要记得仔细检查每种植物是否适合你家的环境。我们希望所有植物都能茁壮生长，展现绰约的风姿。

搭配植物时有 4 个关键要素：色彩、形态、质感和种类。在实践中请择其一作为主题，其余辅之。要知道，太多的对比元素会带来困惑。但也不必拘泥于这些原则，有时候稍稍打破定式反而能收获意想不到的效果。

搭配组合

色彩

可以把植物组合的色彩限定为近似的绿色，也可以把不同浓淡深浅的绿色搭配起来，还可以加入带一抹红色的叶片或正在开花的多肉植物，制造恰到好处的对比。叶色深暗的植物能为植物组合带来别样的趣味，非常适合用在现代风格的空间里。还有些植物的叶片上带有斑纹，它们能让植物组合的色彩丰富起来。

切忌在植物组合中制造强烈的色彩冲突，不要让迥异的颜色在你的眼前争宠；但纯粹的绿色也不太理想。还要考虑植物所在位置的背景色彩。举一个错误搭配植物色彩与背景色彩的例子：红宝石橡胶榕的叶片上带有着醒目的粉色和奶油色，当它出现在色彩明亮、图案繁复的壁纸前，会显得极不协调。

虎皮兰、橡胶榕、金心吊兰、白鹤芋和爱之蔓

形态

植物组合的整体形态，可以是水平铺展的，也可以是竖向分布的，三角形或圆形也是不错的选择。一切取决于植物组合坐落的位置、所用的容器，还有特定空间里最佳的呈现效果。你可以从竖向植物组合开始练习，它能广泛应用于各种场景。先选择一棵高大的植物统领结构，然后在它下面布置一株稍矮的灌丛形植物，最后用一两株枝叶松散的小型植物点缀补充。

质感

试着把不同质感的叶片搭配起来，比如粗糙的与光滑的、干皱的与有光泽的。微妙的质感差异可以让不同浓淡深浅的绿色之间呈现更明显的差异，形成对比。质感的对比还可以进一步延伸到容器，比如将表面光滑与表面粗糙的容器放在一起。蚀刻陶瓷、布艺、纸张、针织品都是富有质感的素材。

种类

群体优势能带来震撼的效果。当你把种类相近的植物搭配在一起时，它们便会营造出生动有趣又彼此呼应的场景。常见的搭配有不同品种的多肉植物、仙人掌，或者多种同为拖垂形的植物。

Ivy Muse 工作室里的植物组合

营造外观

与其花大价钱追求新潮的家装饰品，不如只用几分之一的花费购买植物。花费不多就能为空间塑造出与众不同的气质，这便是植物的优势。有些植物与特定的风格和氛围非常契合、相容。我们可以利用它们创造富有表现力的景观，呼应家中的装饰风格，或制造有趣的反差。

接下来，我们在同一个空间位置上展现了 4 种不同风格的植物组合。为了集中表现植物的差异，在每个场景中我们都选用了简洁风格的花盆。

海岸风格

运用海岸景观中常见的植物，营造热带海滩的氛围。在这类植物中选取几种进行组合搭配便可塑造出引人注目的外观。

大鹤望兰、白鹤芋和棕竹

月光虎皮兰、丝苇、领带丝苇、雪铁芋、无花果和天鹅绒竹芋

当代风格

若想塑造清新的当代风格，多选择外形轮廓与众不同的植物。用这些高度和形态不同的植物，可以创造出令人兴奋雀跃的视觉盛宴。还可以打破常规思维，在植物配件上大做文章：使用金属植物立架，给大型植物的花盆套上帆布织袋，等等。这些方法能让这种风格更加丰满，还能增添许多情趣。

极简风格

"少即是多"是这种风格的核心要义。选用的
植物品种可以尽可能少，但要醒目惹眼。形
状有趣的大叶片具有特别强烈的视觉表现力。

波希米亚风格

为了唤起波希米亚式的狂野气氛，激发最大的视觉冲击力，我们可以把一系列不同大小、不同质感的植物素材混搭。"有层次"的外观与这种风格十分登对——有些植物摆放在地面上，有些则用立架支撑起来，形成错落的高度差，并在其中创造视觉联系。

蟹爪兰、白叶球兰、休斯科尔球兰、吊兰、散尾葵、龟背竹和波斯顿蕨

Creating a
green vignette

创作绿意小品

"创作小品"是指通过一系列物品的布置摆放，来讲述故事、表达观念。若我们在其中加入富有生命力的植物元素，便成为生动有趣的"绿意小品"。小品创作是室内设计师的基本工作内容，近年来愈发受到大家关注——可能是因为"小品"的形式特别适合在社交软件上分享传播。在创作绿意小品的过程中可以充分练习塑造风格的各种技巧，用你的创造力和审美表达你独有的观念，讲述你自己的故事。

首先要选择一个平整坚实的界面，碗橱、餐柜和抽屉柜是很好的入手起点。中小型小品适合摆放在书架、桌台甚至长凳上面。单独一株植物会显得有些孤独，适合出现在没什么杂物的窗沿和小边桌上，这样就能突显出它自身。如果小品坐落的位置高于正常视线，比如在架子上，选择倾泻而下的拖垂形植物要比挺立形植物更合适，因为后者不太适合以仰视视角观察欣赏。

从现在起，收集各种各样的植物和饰品，用它们来创作小品、讲述故事吧！你可以构建纯粹的植物主题，也可以加入些许装饰品使表现更加丰富。后面提供的这些"黄金原则"能够帮助你更好地创作。请记住一点：植物始终是主角。

三角形轮廓

理想的绿意小品具有不僵硬、不对称的三角形轮廓，可以非常自然地吸引目光，营造不曾雕琢的随意感，给人以轻松自然的感觉。常见的组合方式是在后排放置一棵较高的植物，支撑起组合的高度；于前排两侧摆放较矮的植物，搭建起三角形的框架结构；再加入一株拖垂形植物，带来质感上的变化，将一份疏朗气质注入其中。

仙人掌、龙骨、佛珠和镜面草

奇数排布

小品中的物件数量呈奇数——3、5、7、9 或者更多——会使布置效果更佳。因为奇数排布能带来视觉上的愉悦，运用得当还能营造出自然天成的轻松氛围。相反，偶数排布容易显得过于规矩、僵硬，还会有一点老套。

你不必拘泥于这个原则。有些时候由于现场条件和植物的位置，4 个物体看起来像是 3 个。随着经验的不断积累，你会逐步了解这个原则是如何运作的，使用起来就会更加灵活。但在你完全掌握精髓之前，最好先依据"奇数原则"进行布置。

搭配艺术品

搭配艺术品或饰品，能够提升绿意小品的整体美感，使效果更加出众。高而细的植物非常适合此种场景，它们能引导视线向上移动，直指艺术品，甚至将其包围，从而制造出意想不到的奇妙效果。这么做还有一个好处：艺术品的加入能让小品更加引人注目，你可以从房间另一端一眼看到它。

皱叶椒草、澳洲大叶伞和三色球兰

皱叶椒草、姬龟背和短柔毛萼球兰

巧用空间

巧用空间能够成就绝妙的绿意小品，使用不当亦会毁之。试着把植物组合按照一定层次密集排布，使正面呈现交错重叠的效果。接下来很关键：兀地宕开一笔，令一棵植物单独出现，不与其他植物交织，在其周边留白，制造"呼吸感"。它不必与其他植物隔得太远，距离适当就好——呈现既不被遮挡又不脱离植物组合的"若即若离"感。

调配色彩

色彩可以激发特定的情绪，在家中尤其明显。蓝色和绿色是冷静的颜色；红色和黄色能让人兴奋起来；绿色最为平衡，可以让我们的眼睛倍感舒适放松。

色彩对小品的呈现效果同样影响深远。严重的色彩冲突会让视觉体验大打折扣。所以我们要确保花盆和饰品的色彩能与植物协调共存。一般说来，与绿植搭配较和谐的色调有中性色调（黑、白、灰、棕）、柔和色调（裸肤色、薄荷绿、桃色、浅蓝色），还有土系色调。高饱和度的色彩太过耀眼，会与植物形成竞争关系，使整体看起来支离破碎，故不建议使用。

绿玉树、鬼切芦荟、帝锦和仙人掌

THE WORLD OF CHARLES AND RAY EAMES

5

Styling solutions for every room

每个房间的打造策略

家中的每个房间应有不同的设计策略——基于这个房间的使用方式、每天在里面待的时间，还有这个房间拥有的光照和热量多寡。布置时我们可以选用风格相对统一的植物进行组合，也可以放开手脚，把各种不同类型的植物混搭起来，任它们自发生长出独一无二的气质。无论哪种方式，跟随你心中的感觉去做就好，不会出错。

卧室

人要在床上度过人生中 1/3 的时间，所以卧室应是一个安静的房间，让我们好好休息、恢复元气。植物把我们与自然相连，有助于塑造一处充满平和感与轻松氛围的卧室空间。

无论是在床头摆放一株盆栽，抑或把整个房间布置成绿植遍布交错的"丛林"，卧室里的一抹绿色总能让我们受益良多。

布 置

布置植物时可以突破固定思维，做出别出心裁的安排，比如使用长凳为
植物提供一个特别的展示台。长凳可以打破床体硕大呆板的体块感，为
卧室增添一个富有意趣的视觉焦点。

边桌和不同高度的小凳子可以制造高低错落的效果，让每棵植物拥有属
于自己的展示台。为了取得更好的展示效果，可以为边桌配备内置搁板，
将日常用品收纳其中，避免杂物与植物争夺空间；还可以把床头柜上的
台灯换成吊灯或落地灯，为植物提供空间。床头柜上宜摆放小型盆栽，
比如皱叶椒草或镜面草。

琴叶榕、雪铁芋、折扇芦荟、心叶藤和龟背竹

空气凤梨、爱之蔓和鲜切花束

光线

如果卧室光照条件不佳，那么袖珍椰子和白鹤芋会是很好的选择。如果光照条件出色，比如有朝东的窗户，植物选择的范围就很大了。

私密性

如果卧室的私密性不佳，比如窗户距离邻居家的很近，住起来会很不自在。我们可以巧妙地布置植物，有效地缓解这种不适感，比如在窗台上摆放一些引人注目的小型植物。它们能把你的视线从窗外拉回室内。

在稍大一点的卧室里，可以把大型植物，如琴叶榕，布置在靠窗的位置。这么做对你和植物都有好处——植物能在明亮的光线中生长得更好，你也将拥有泛着绿意的晨光。

每间卧室都需要一棵大型植物

卧室的地面空间往往比较紧张，墙面通常却很空。立一棵大型植物于墙前是填补墙面空白的好办法。有许多大型植物品种可供选择，也可以利用植物立架抬升植物的高度。最理想的是那种上部繁茂（枝叶越开展越好）、下部细瘦的植物。摆放的位置亦不能碍事；空间宽裕的话，床边是个好位置，但要确保夜里下床时不会撞上。

Wax flowers

植物小像:球兰

世界上约有 200 种球兰,它们原产自亚洲和大洋洲的热带地区。球兰具有木质的藤蔓茎、带有光泽的叶片和陶瓷质感的精致花朵,在明亮、温暖的环境中可以生长得很好。

浇水

在温暖的季节保持土壤湿润,在冬季则要少浇水,这样便能使球兰多年保持美丽状态。

光照

若想保持球兰的健康生长并促进它开花,每天须保证 3~4 个小时的直射阳光光照。

布置建议

可以利用球兰塑造有趣的、具有雕塑感的形态。每棵球兰都有独特的外观,我们尚未见过完全相同的两者。球兰的品种多样性、每个品种独有的叶形和叶色,是我们如此钟爱它的原因。

品种推荐

三色球兰、休斯科尔球兰和白叶球兰都可以塑造美妙的垂吊剪影。

Bathrooms

浴室

浴室通常是家中相当简单的房间，坦白讲甚至会有些"无聊"，但它也是最有用的房间之一，理应多给予一些关注。在浴室里布置植物能为空间增加许多质感和趣味。浴室本身的环境条件对植物生长很有利，植物喜爱湿润的空气，能在这里旺盛生长。

浴室似乎很难修饰装点，或许我们能摆上可爱的小凳子，挂上漂亮的毛巾，再放一两块设计考究的香皂。但除了这些还能有什么呢？浴室里有太多留白，又太缺少有趣的视觉焦点。这恰恰是我们引入植物的原因——一株植物就能让冷硬的空间柔和许多。植物能带来生机，使场景愈发完整。即使是装饰豪华的浴室，植物也能恰当地置身其中。

雪铁芋、丝苇、红叶球兰、白叶球兰和爱之蔓

布置安排

在面积较小的浴室里，布置的重点在于充分利用空间。在墙壁上吊挂空气凤梨，用一排花盆填满窗台，把中型盆栽立置在地板上，这些都是很有效的做法。你要预设这些植物将来会长成的样子。如果空间实在有限，你可以选择那些沿竖直方向生长或从墙面上垂落的植物；尽量不要选择横向延展的植物。

还要考虑植物喜爱明亮的环境，还是在阴暗的角落里长得更好。检查一下浴室的光照条件能否满足它们的需求。

革叶蕨

丛林氛围

如果想把浴室布置出丛林的氛围，你需要一些特别的思路。浴室里的地面空间不足，所以要充分利用竖向空间，多运用植物吊篮和拖垂形植物。只增加一个吊篮就能产生立竿见影的效果；如果空间允许，越多越好。

如果选用的是同一种植物，可以巧用容器的高度差制造参差错落的效果；如果是一系列拖垂形和直立形植物的组合，则尽量让所有容器保持在同一高度上。这两种方式都能塑造流动感十足的绿意小品，形成柔和的三角形轮廓，避免规则生硬的外观。

龟背竹

能在浴室里繁茂生长的植物

秋海棠、龟背竹和白鹤芋是比较适合在浴室里生长的
植物，它们都很好打理。秋海棠和白鹤芋不喜欢干燥
的环境，浴室里的潮湿空气对它们很有利。秋海棠和
龟背竹喜爱有遮挡的阳光，白鹤芋在中等明亮的环境
里生长良好（朝北的浴室里即是这种光线）。至于浇水，
在生长旺盛的温暖月份里，表层几厘米的土壤干透后
即可补充水分；冬季的浇水频率要大幅降低，具体情
况视浴室的空气湿度而定，它们在冬季不需要太多水分。

银宝石秋海棠

如果浴室非常阴暗

有些浴室里的自然光线非常少甚至完全没有。这是个很棘手的问题，毕竟植物需要光照才能正常生长。在光线稀少的浴室里可以选用绿萝或心叶藤，它们都是攀爬形植物，可以牵引至各个角落，有效地把空间点缀起来。如果需要竖直线条，雪铁芋会是很好的选择，它在弱光环境下的生存能力令人印象深刻。如果浴室实在太过阴暗，没有一丝光线，我们建议你不要在这里费神了，把精力花在家中光照环境更好的房间吧。

Kitchens

厨房

厨房通常是家里最热闹的房间，甚至是一个家的核心区域。家人朋友们在这里大展厨艺，分享美食，共度惬意的时光。现代厨房还慢慢演变出许多复合功能，比如孩子们会在大人准备餐饭时在一旁做功课；在家工作的人喜欢待在厨房里办公，于是餐桌也承载了部分工作台的功能。当你在家里举办派对时，厨房更是所有人聚集的空间，无论你是否有意为之。

厨房里很适合布置室内植物。大多数植物都喜爱无直射光的明亮环境，在厨房里总能找到一两个这样的位置。而且厨房里面有许许多多可供植物恣意伸展的"舞台"：搁架、窗台、桌凳、橱柜、冰箱顶部……

不过话说回来，让厨房里的植物茁壮生长的关键其实是我们每天在这里度过的时间。我们的长久陪伴、时常观察和悉心照料让植物一直保持良好的状态。最终，我们在这里培育了一片青翠的再造自然。

规 划

开始用植物布置厨房之前，先想好你将如何使用这个空间，你希望它成为什么样子。仔细考量你的厨房空间，寻找最适合它的布置方式：是蜻蜓点水地增加几抹绿意，还是大刀阔斧地把这里变成一片丛林？如果你想种一棵高大的植物，请先确保厨房里有足够的空间供它伸展枝叶。如果你只有桌凳台面可以摆放植物，那就选择适合狭小空间的盆栽吧。要知道，布置植物的目的是让空间更加完整，而不是将它不合体例地塞满。"因地制宜"是我们选择每棵植物和确定它所在位置的核心原则，切不能让我们对某种植物的偏爱凌驾于理性之上。

花叶休斯科尔球兰和澳洲大叶伞

布置

宽大的桌凳台面在准备餐饭时非常实用，在其他时候却会略显无趣。我们可以尝试着在上面布置些植物，利用桌凳本身的高度使植物成为焦点。但要确保这些植物能够轻松移动，以便台面在备餐时能够正常使用。

玻璃生态缸很适合出现在厨房的桌台上。它们不需要太多维护，木质底托还能避免在移动时刮花精致的石材台面。市面上可以买到很多可爱的生态缸，你也可以自己制作——在网上和书籍中能找到许多实用的制作指导，一点也不难。

像厨房窗台这样的明亮位置是种植香料植物的绝佳场所，厨艺爱好者们一定不会放过这个机会。它们在这些位置上会长得很好，你在做菜时也可以很方便地采摘。

多肉植物组合

布置餐桌

厨房和餐厅里又大又平的桌台是布置植物的完美位置，充分利用这个绝妙的"舞台"来展现植物的美感吧！单棵植物或是小组合都是不错的选择，以植物为主题做整体桌面设计也很棒。

日常状态

"日常"意味着最好选择好打理、易维护且不占据太大空间的植物。系列陶瓷花盆和多肉植物的组合，再加上一两件陶瓷摆件便能出色地达成目标。你也可以选择其他小型盆栽。

假日点缀

正如我们经常改变桌台的用途，桌上的植物也可以时常变换。若想给节
假日的餐桌一个不同的氛围，有个简单的办法：在日常状态的基础上增
加一把新鲜的花束。选择是多种多样的，但最好以白花绿叶为主，它们
能与日常摆放的植物产生视觉呼应。

奥德氏球兰、飞燕草、荚蒾和黄精

浪漫风格

如果想在桌台上营造浪漫柔美的气氛，可以选定一种质感柔软的拖垂形植物，辅以漂亮的白色和绿色花朵。巧用植物立架可以提升组合的高度和表现力，外形可爱的花器能为整体设计加分。盆栽植物和花艺小品的组合可以营造出生机勃勃的美感。

现代风格

玻璃钟罩是一种简洁却现代感十足的装置，可以用来
展现空气凤梨的美感。你可以选择带颜色的玻璃增加
装饰性，也可以用透明无色的玻璃强调植物细节——
空气凤梨的线条和形态将得到淋漓尽致的展现。

空气凤梨组合

波叶翡翠木、皱叶椒草、纽扣蕨、休斯科尔球兰和爱之蔓

北欧风格

北欧风格的核心即中性且统一的色彩。因此，要选择中性色
调的花器，但高度、形状、质感可以不同。在植物的选择上
大胆运用想象力，利用不同的植物轮廓和独特的叶片形状组
合出引人注目的外观，尽力营造趣味性、动态美和形式感。

Chinese money plant

植物小像：镜面草

镜面草是近几年最受欢迎的室内植物之一，特别是在澳大利亚。这种茂密可爱的植物可算是植物圈里的小奇迹：它在20世纪80年代才被植物学家发现，如今已有无数园艺爱好者在家中培育它。生长茂盛的镜面草会从基部冒出许多芽点，让我们能够接连不断地将新芽赠予朋友——用植物把人们联系在一起，真是很暖心的一件事。

浇水

温暖季节里适量浇水，确保表层土壤干燥后再补充水分。

光照

镜面草对光线的适应性很强，从有遮滤的明亮阳光到中度光照条件都能适应。

布置建议

与中性色彩的花盆相搭配，能使人们的目光聚焦在镜面草美丽的叶片上。

解救无趣的角落

房间里那些无趣的角落在呼唤着植物的装点。无论是创造一个丰富庞大的植物组合，还是增添一个小而简洁的植物组合，都能让这些无趣的角落摇身一变，成为众人瞩目的焦点。大型植物特别适合出现在角落处，在那里它们可以尽情伸展。如果空间足够，不妨布置一组大型植物领衔的植物组合，这可以让角落焕发出动人的美感。

Living rooms

客厅

客厅通常是家里面积最大的房间，承载着许多功能。我们在客厅里接待来客，与他们闲聊、娱乐。客厅里的氛围应轻松、灵动、舒适，让我们总想待在这里。布置客厅的关键在于抓住耐人寻味的要素：彰显时代感的细节、温和低调又富有美感的背景，以及开放的宽敞空间。而当精美考究的沙发、地毯、艺术品等陆续就位后，客厅便成了室内植物绝佳的展示台，植物的加入会让这里成为一个充满魅力的场所。

布 置

布置客厅的植物有许多实用小技巧，比如可以巧妙利用客厅中的诸多"面层"来安排植物组合，包括宽阔的地面空间。搁架和壁炉架是难得的好位置，如果有的话一定要好好利用：植物可以从搁架上悬垂而下，也可以经过牵引横跨整个搁架；壁炉架上摆放一两盆植物会很好看，你还可以围绕它布置具有丛林感的植物组合。

丝苇、心叶藤、苹果竹芋、空气凤梨、绿萝和三色球兰

敞开式客厅

敞开式客厅是展示大型植物，比如琴叶榕、荷威椰子的绝佳空间。现代
风格室内设计中略显呆板的空间经过这些大型植物的装点能柔化许多，
植物的出现还能把宽阔的空间连接为统一的整体。即便如此，仍要抑制
住填塞的冲动——适度布置一两棵即可，不要毫无节制地堆积，否则整
体效果会大打折扣。

大厅空间

这种房间的视觉中心是硕大、深暗的壁炉。用无花果、棕竹和拖垂形植物布置在其周围能起到柔化的作用，让人们的视线不再集中在壁炉上。除此之外，浅色的花叶植物，比如休斯科尔球兰或三色球兰，可以打破沙发和咖啡案巨大的体量感，使画面平衡有度。还可以用植物立架上的吊兰点亮空白的墙壁，增加视觉趣味。

专家说

我喜欢在设计中安排大型植物出现，
并让它们成为房间里的视觉焦点。
这些直抵天花板的高大植物能够营造出不同凡响的尺度感
和激动人心的氛围，这是普通家具无法做到的。

史蒂夫·科登伊，室内设计师

银星绿萝、龟背竹、多孔龟背竹和斑叶旋卷球兰

布置咖啡案

案台的布置并不难，只要掌握色彩和位置关系等基本原则便能做出上佳的作品。先选定几种关键植物，然后配上一两件私人收藏品，比如可爱的陶瓷摆件或印刷精美的杂志。植物之间宜对比成趣，小摆件也要体现你的个人风格，这样便能轻松营造独具匠心的外观。色彩上要尽量统一，摆放时彼此留出间隙，以3件或5件物品进行组合的效果最佳——奇数原则。

Fiddle leaf fig

植物小像：琴叶榕

提琴形状的叶片和浓郁丰富的色调，让琴叶榕成为深受设计师喜爱的室内植物。自它第一次出现在室内设计领域便受到大众的追捧。虽然近几年热度稍有减退，但其易打理、生长快的优势仍然吸引着许多爱好者；更不用说它的优美外形是多少人的心头好。

浇水
在春季和夏季有规律地浇水，每次待表层土壤干透后再补充水分；在冬季有节制地浇水。

光照
琴叶榕喜爱明亮的光照环境，但只能在较冷月份的每日清晨接受阳光的直射。若暴露在夏季炎热的阳光下叶片会被灼伤。

布置建议
在任何房间里，琴叶榕都适合与大花盆相配，营造出硕大醒目的视觉体量。

点亮空白的墙壁

用墙钩把生长成形的拖垂形植物固定在墙面上，勾勒出生动活泼、富有呼吸感的造型。还可以把藤蔓跨在一些小物件上，使它自然下垂，比如木质墙钉、装饰扣、搁架，甚至画框。

工作空间

无论是用于办公还是出于爱好，家里的工作空间都应是迷人又极具启发性的。它们可以是任意尺度、任意形状的空间：大工作室、小办公间，甚至是客厅和卧室里的某个角落。总之，它们要能让你感受到创造的活力。存在于这个空间里的物品，特别是植物，会让你的心灵"唱起歌来"。

如果你忙于工作，没空外出感受外面的世界，那就把它们带进屋吧！埃克塞特大学的克里斯·奈特（Chris Knight）博士与其同伴做的一项心理实验表明，在工作场所摆放植物可以提升 15% 的工作效率，对此我们深信不疑。

我们相信创造力和植物之间存在着某种联系，植物可以成为灵感的来源。许多富有创造力的人都能从打理植物的过程中得到丰厚的回报。画家们喜爱描绘场景中的植物，陶艺家们根据植物的形态塑造工艺品，音乐家们也沉醉于自然的图景，谱写出灵气四溢的乐章。

布置

有些工作空间的面积较为狭小，这时就需要充分开发利用竖向空间，搁架、壁挂和吊篮都是很好的选择。不一定要用特制的家具，普普通通的架子就能达成惊人的效果。将植物与你的私人收藏组合成富有层次感的场景吧！它能在你苦思冥想之际为你点亮灵感的火花。

专家说

植物在工作空间中发挥着它们的价值。

它们是如此生动有趣,

每天变幻的光线照在叶片上,呈现不同的画面。

它们的存在让房间生硬的角落柔软起来。

伊丽莎白·巴尼特(Elizabeth Barnett),视觉艺术家

布置搁架

搁架上至少要有一株拖垂形植物，它能很自然地与搁架的水平线条产生对比，也能为场景平添一份特殊的质感。不同的花器搭配不同形状不同体量的植物，能组合出富有情趣的绿意小品。如果没有什么功能上的需求，用较为简单的手法打造出的小品也能非常美丽。还可以尝试用你的私人收藏品"讲故事"，让它们成为焦点，将植物作为辅助。你要不断摆弄调试，找到最理想的布局；记得适当留白，给植物展现的空间；还要留心观察植物在新环境里的生长状况。

Moonshine snake plant

植物小像：月光虎皮兰

虎皮兰强壮、好打理。它锐利修长的叶片直立朝上，令人印象深刻。月光虎皮兰这个品种的叶片呈非常浅的淡绿色，边缘有细细的深绿色镶边。

浇水
温暖季节里适当浇水，每次待表层土壤干透后再浇，且一次性浇透；较冷月份里待花盆里一半土壤干透后再补充水分。

光照
这种生长缓慢的植物喜爱阳光，但也能耐受低明亮度的环境。

布置建议
当你需要提升绿意小品和植物组合的高度时，虎皮兰会是很好的选择，它们的出现能吸引人们的注意。

布置启迪灵感的场所

一把坐落在植物丛中的椅子能使人放松身心，还能启迪灵感，也不需要太大的空间。如果这把椅子能放置在明亮的窗边，大多数室内植物都会因此得益，但要确保不要将植物暴露在直射的阳光下，避免叶片灼伤。如果椅子所在位置的光照不够理想，可以选择适应弱光环境的植物，比如绿萝、雪铁芋等。

Small spots

小角落

从玄关到壁炉，家里有许多可能成为视觉焦点的小角落。虽然它们很小，不足以布置成富有变化、充满个性的场所，但别因此轻视它们。这些小角落正是布置植物的好位置，无论是一层生机勃勃的书架，还是一片苍翠欲滴的窗台，点点滴滴的绿意能把房间联系起来，使它们成为统一的整体，也能为你提供许多欣赏植物的机会。

花叶金玉菊和多孔龟背竹

玄关

尽管我们不会在玄关过多停留，但这里的"交通量"很大，通常也是客人们第一眼看到的地方，所以很适合在这里添上一抹"热情好客"的绿意。如果玄关有一张放钥匙、硬币和小摆件的小桌，为什么不再摆上一两个小盆栽活跃气氛呢？如果玄关的空间足够，还可以在地板上摆些中型植物。如果还有一面空白的墙壁，你甚至可以用盆栽创造一个壮观的场景，比如布满爬藤的植物墙。

壁炉

壁炉有许多摆放植物的位置，应该好好利用。你可以在这里以不同的形态、质感和色调混搭植物，你会发现创造一处引人注目的角落原来这么容易。如果壁炉没有在使用，可以把炉膛变成一个布满植物的小空间。

丝苇、心叶藤和苹果竹芋

植物书架

需要花些时间练习才能布置出完美的植物书架，但它们呈现出来的
效果会让你觉得付出时间是值得的。布置植物书架并不是往架子上
填塞一大堆植物就行了，你要充分考虑空间、质感和形态，这样
才能创造最佳的效果。我们可以让拖垂形植物的卷须飘荡下来吸引
人们的视线，再巧妙地创造视觉连接，让目光自然地从一片绿意流
向另一片。在植物书架上还可以点缀些色彩和形状不一的私人收藏
品。布置时要注意视觉平衡，比如植物都集中在一侧会显得不太连贯。
拖垂形植物和直立形植物的混搭可以带来质感和形态上的变化。

专家说

如果从白纸一张的状态开始室内设计，

建议你从最开始就留出一些专门用于布置植物的场地，

比如在窗边设计一处下沉种植床。

西莫内·哈格，设计师

专家说

茂盛的拖垂形植物能带来轻松优雅的氛围，

艺术品边上的一棵姿态怡人的植物

亦能平添许多视觉趣味，

再加上一面镜子，效果就更加突出了。

希瑟·内特·金，室内设计师、作家

罗勒、迷迭香和欧芹

窗台

明亮的窗台是你展示植物的理想位置。窄小的窗台适合摆放小型盆栽，宽阔的窗台可供你自由发挥。植物在这个位置上获益颇丰，唯一需要注意的是不要让它们长期暴露在直射的阳光下，特别是夏季炎热毒辣的光线。

如果在厨房里有一片窗台可用，可以种上一排香料植物，比如罗勒、迷迭香、欧芹等。它们是许多菜肴的关键配料，也都很好打理，种在窗台上方便随时取用。这些植物还散发着独特的芳香，给正在厨房里忙碌的你一份慰藉。

白鹤芋、绿萝、橡胶榕、雪铁芋、

绿萝、丝苇、鸡爪槭的枝条和花叶冷水花

阴暗的角落

大多数房子里都至少有一处阴暗的角落,你可以用植物点亮它,有些植物能够耐受较差的光照环境;但须谨记,没有光植物是无法存活的。如果这个阴暗的角落多少有一点光,可以试试白鹤芋、橡胶榕、绿萝、雪铁芋和虎皮兰。种下后要时时留心观察它们,及时发现或因光照不足引发的不良状况;可以每隔一天把它们移到明亮的位置上补充光照。

还有一种方法:用剪下来的植物叶片代替整株植物装点阴暗的角落。这种方法在应对客人来访等"短期任务"时特别好用,简单又不失绿意盎然的氛围。

悬垂的爱之蔓

夹层空间

夹层空间常用于收纳存储，但有时一不小心就变成了死气沉沉的无用空间。我们可以充分利用这个位置，用植物把它变成一处宁静的庇护所。这样一来，当大人们不再使用夹层空间时，它就成了孩子们的乐园。

6

—

Caring for plants

养护植物

有许多教程都在指导你如何"最好地"养护植物。但事实上每个房间拥有的环境条件不同，没有人能比你更了解你的家，对众多养护指导不能尽信。或许你和邻居有着一模一样的北窗，但室内温度、空气湿度和通风状况就不尽相同了——这些要素极大地影响着植物的生长状况。去做一些研究，了解你的植物需要什么，以此为原则好好利用你家的每个空间。还要时刻留心观察，植物会"告诉"你它们在新环境里过得开心与否。

必备的工具

如今我们能在市面上买到各种实用性和颜值俱佳的植物养护工具。有些高阶工具我们平时是用不到的，日常必备的工具有：浇水壶、喷壶和剪刀——一把坚固好用的剪刀能够胜任大部分室内植物的基础打理工作。如果你养了仙人掌科植物，记得备上一副厚手套。

了解植物的需求

植物是复杂的有机体，有许多基本需求：空气、光、水、矿质元素、适宜的温度，以及安置根系的土壤（也有水培植物）。每株植物还有它自己特殊的需求。要积累一定的知识和经验才能把植物打理好。

了解植物的生长休眠规律至关重要。对大多数室内植物而言，春季到秋季是它们的生长时期，冬季是休眠时期。遵循这个循环规律，控制每个时期的浇水量，能大大提高植物的成活率——绝大多数植物都死于不合时宜、不适量的浇水。

温度也是植物养护的关键。大多数室内植物的原产地在热带或亚热带地区，故喜爱较为温暖的环境。植物不大适应剧烈的温度变化，比如盛夏时分空调或风扇造成的较为强烈的降温。夏季时，我们可以改变植物的位置，或者调整空调或风扇的角度，避免冷风直接吹到植物。

留心观察

时时留心观察是保证植物良好生长的关键。每隔一两天进行一次检查，留意是否有什么新的状况出现：是否有新生枝叶冒出？是否有生长不良的迹象？土壤是否过干或过湿？是否有病虫害发生？这些例行检查能帮助你进行及时的调整，把危险扼杀在萌芽状态，防患于未然。

浇水技巧

给植物浇水时，最简便的方法是把它们放进水槽里浸泡；如果植物体积较大，可以考虑使用浴缸。这种方法可以给予植物充分的浸润。当然，有些植物的需水量并不大，应事先查询。浸泡完要把花盆沥干再归位，这样做可以确保植物得到了它需要的水分，又不会让多余的水流出来损害地板和家具。如果是带有底托的盆栽植物，我们可以直接浇水，十分方便。

如果要外出几日，无法照料家中的植物，怎么办？如果使用的是塑料花盆，可以把它们移到浴缸里，并在花盆底下铺上浸湿的毛毡或浸水的石子层，以此确保花盆底部不会直接接触到水面。如果用的是陶瓷花盆，先给植物足足地浇一遍水，排净余水后立刻用塑料袋套住花盆，把袋口在花盆边缘绑紧。可以提前在花盆里插上几根杆子，它们能在里面撑起塑料袋，避免塑料袋贴在植物身上。这样一来，我们就做出了一个简易的"生态缸"，袋中的空气湿度可以维持3周左右，让植物保持水灵灵的状态。

一

Plant index

植物索引

常用名	学名	水分		光照	空气湿度
		生长期内(温暖月份)	生长期外(寒冷月份)		
龙骨 African milk tree	*Euphorbia trigona*	💧	💧	半阴–全日照	〜
龙骨"皇家红" African milk tree 'Royal Red'	*Euphorbia trigona 'Royal Red'*	💧	💧	半阴	〜
笹之雪 Agave	*Agave victoriae-reginae*	💧💧💧	💧	半阴–全日照	〜〜
空气凤梨 Airplant	*Tillandsia sp.*	💧	💧	半阴	〜〜
松萝 Airplant–Spanish moss	*Tillandsia usneoides*	💧	💧	半阴	〜〜
库拉索芦荟 Aloe vera	*Aloe barbadensis 'Miller'*	💧	💧	半阴–全日照	〜
花叶冷水花 Aluminium plant	*Pilea cadierei*	💧💧💧	💧💧	半阴	〜〜
秋海棠 Begonia	*Begonia sp.*	💧💧	💧	半阴	〜〜
天堂鸟 Bird of paradise	*Strelitzia reginae*	💧💧	💧	全日照	〜〜
鸟巢蕨 Bird's nest fern	*Asplenium nidus*	💧💧💧	💧💧	半阴	〜〜
波斯顿蕨 Boston fern	*Nephrolepis exaltata*	💧💧	💧💧	半阴–全日照	〜–〜〜
黄毛仙人掌 Bunny ear cactus	*Opuntia microdasys*	💧💧	💧	全日照	〜
纽扣蕨 Button Fern	*Pellaea rotundifolia*	💧💧	💧	半阴	〜〜–〜〜
一叶兰 Cast iron plant	*Aspidistra elatior*	💧💧	💧	阴–半阴	〜
龙舌兰 Century plant	*Agave americana*	💧	💧	全日照	〜
爱之蔓 Chain of hearts	*Ceropegia woodii*	💧	💧	半阴–全日照	〜–〜〜
镜面草 Chinese money plant	*Pilea peperomioides*	💧💧	💧	半阴–半阴	〜〜
蟹爪兰 Christmas cactus	*Schlumbergera truncata*	💧💧💧	💧💧	半阴–半阴	〜〜
绿萝 Devil's ivy	*Epipremnum aureum*	💧💧	💧💧	半阴–半阴	〜〜–〜〜
玉珠帘 Donkey's tail	*Sedum morganianum*	💧💧	💧	半阴	〜–〜
鹅掌藤 Dwarf umbrella tree	*Schefflera arboricola*	💧💧	💧	半阴	〜〜–〜〜

常用名	学名	水分		光照	空气湿度
		生长期内(温暖月份)	生长期外(寒冷月份)		
皱叶椒草 Emerald ripple	*Peperomia caperata*	💧💧	💧	⛅	〰〰
折扇芦荟 Fan aloe	*Aloe plicatilis*	💧💧	💧	☀	〰
琴叶榕 Fiddle leaf fig	*Ficus lyrata*	💧💧	💧	⛅ – ☀	〰〰 – 〰〰
无花果 Fig	*Ficus carica*	💧💧	💧	⛅	〰 – 〰
绿玉树 Firestick plant	*Euphorbia tirucalli*	💧	💧	☀	〰
龟背竹 Fruit salad plant	*Monstera deliciosa*	💧💧	💧	⛅	〰〰
大鹤望兰 Giant bird of paradise	*Strelitza nicolai*	💧💧	💧	☀	〰〰
散尾葵 Golden cane palm	*Dypsis lutescens*	💧💧	💧	⛅	〰〰 – 〰〰
白叶球兰 Green exotica hoya	*Hoya carnosa 'Exotica'*	💧💧	💧	☀	〰〰
巴西铁树 Happy plant	*Dracaena fragrans*	💧💧	💧	⛅	〰〰
心叶藤 Heartleaf philodendron	*Philodendron scandens*	💧💧	💧	⛅ – ⛅	〰〰 – 〰〰
休斯科尔球兰 Hoya heuschkeliana	*Hoya heuschkeliana*	💧💧	💧	☀	〰〰
奥德氏球兰 Hoya odetteae	*Hoya odetteae*	💧💧	💧	☀	〰〰
斑叶旋卷球兰 Indian rope hoya	*Hoya carnosa 'Compacta'*	💧💧	💧	⛅ – ☀	〰〰
燕子掌 Jade	*Crassula ovata*	💧💧	💧	☀	〰
八角金盘 Japanese aralia	*Fatsia japonica*	💧💧💧	💧💧	⛅	〰〰
波叶翡翠木 Jitters	*Crassula ovata undulata*	💧💧	💧	☀	〰
荷威椰子 Kentia palm	*Howea forsteriana*	💧💧	💧	⛅	〰〰 – 〰〰
红叶球兰 Krimson princess hoya	*Hoya carnosa 'Rubra'*	💧💧	💧	☀	〰〰
三色球兰 Krimson queen hoya	*Hoya carnosa 'Tricolor'*	💧💧	💧	☀	〰〰
棕竹 Lady palm	*Rhapis excelsa*	💧💧	💧	⛅	〰 – 〰〰

常用名	学名	水分		光照	空气湿度
		生长期内(温暖月份)	生长期外(寒冷月份)		
革叶蕨 Leatherleaf fern	*Rumohra adiantiformis*	💧💧💧	💧💧	⛅	〰〰〰
铁线蕨 Maidenhair fern	*Adiantum sp.*	💧💧	💧💧	⛅	〰〰〰
美丽石莲花 Mexican snow ball	*Echeveria elegans*	💧	💧	☀	〰
姬龟背 Mini monstera	*Rhaphidophora tetrasperma*	💧💧💧	💧💧	⛅	〰〰〰
丝苇 Mistletoe cactus	*Rhipsalis baccifera*	💧💧💧	💧	☁	〰〰〰
鬼切芦荟 Mountain aloe	*Aloe marlothii*	💧	💧	⛅ – ☀	〰〰〰
静夜 Painted lady	*Echeveria derenbergii*	💧	💧	☀	〰
袖珍椰子 Parlour palm	*Chamaedorea elegans*	💧💧	💧	☁ – ⛅	〰〰 – 〰〰〰
白掌 Peace lily	*Spathiphyllum wallisii*	💧💧	💧	☁	〰〰〰
孔雀竹芋 Peacock plant	*Calathea makoyana*	💧💧💧	💧💧	☁	〰〰〰
豹纹竹芋 Prayer plant	*Maranta leuconeura*	💧💧💧	💧💧	⛅	〰〰〰
春羽 Philodendron 'Hope'	*Phildendron selloum x hybrid*	💧💧	💧	⛅	〰〰〰
椒草 Radiator plant	*Peperomia*	💧	💧	⛅	〰〰〰
短柔毛萼球兰 Royal Hawaiian hoya	*Hoya pubicalyx*	💧💧	💧	☀	〰〰〰
橡胶榕 Rubber plant	*Ficus elastica*	💧💧	💧	⛅ ☀	〰〰〰
银星绿萝 Satin pothos	*Scindapus pictus 'Argyraeus'*	💧💧	💧	⛅ – ☀	〰〰 – 〰〰〰
虎皮兰 Snake plant	*Sansevieria trifasciata*	💧💧	💧	☁ – ☀	〰 – 〰〰
领带丝苇 Snowdrop cactus	*Rhipsalis houlletiana*	💧💧💧	💧	☁	〰〰〰
白鹤芋 Spath sensation	*Spathiphyllum*	💧💧	💧	☁	〰〰〰
吊兰 Spider plant	*Chlorophytum comosum*	💧💧	💧	⛅ – ☀	〰〰 – 〰〰〰
大戟 Spurge	*Euphorbia sp.*	💧💧	💧💧	⛅ – ☀	〰〰

常用名	学名	水分		光照	空气湿度
		生长期内(温暖月份)	生长期外(寒冷月份)		
佛珠 String of pearls	*Senecio rowleyanus*	💧💧	💧	⛅ – ☀	〜
澳洲大叶伞 Umbrella plant	*Schefflera amate*	💧💧	💧	⛅	〜〜 – 〜〜〜
花叶金玉菊 Variegated jade vine	*Senecio macroglossus* 'Variegatus'	💧💧	💧	⛅ – ☀	〜
白锦龟背竹 Variegated monstera	*Monstera borsigiana*	💧💧	💧	⛅	〜〜
花叶休斯科尔球兰 Variegated hoya heuschkeliana	*Hoya heuschkeliana variegata*	💧💧	💧	☀	〜〜
垂叶榕 Weeping fig	*Ficus benjamina*	💧💧	💧	⛅	〜〜
帝锦 White ghost cactus	*Euphorbia lactea 'White Ghost'*	💧	💧	⛅ – ☀	〜〜
雪铁芋 Zanzibar gem	*Zamioculcas zamiifolia*	💧	💧	☁ – ⛅	〜〜〜
银脉爵床 Zebra plant	*Aphelandra squarrosa*	💧💧	💧	☁ – ⛅	〜〜 – 〜〜〜
天鹅绒竹芋 Zebra plant (calathea)	*Calathea zebrina*	💧💧💧	💧💧	⛅	〜〜〜

索引注释		
💧	少量浇水	待花盆土壤完全干透后再浇水
💧💧	中等浇水	待花盆表层3厘米的土壤干透后再浇水
💧💧💧	频繁浇水	见花盆表层土壤干燥，立即浇水
☀	很明亮的光照	在明亮的散射光下生长旺盛，也能耐受一定时长的阳光直射
⛅	有遮挡的光照	喜爱明亮但有遮挡的光线，不可在阳光下暴晒
☁	中等强度光照	可以耐受阴暗的环境
〜	空气湿度低	喜爱的空气湿度为10%~40%；必要时可用空气干燥机
〜〜	空气湿度中等	喜爱的空气湿度为40%~60%；大多数家庭环境均在此范围内，不放心的话可以用湿度计进行监测
〜〜〜	空气湿度高	喜爱的空气湿度高于60%；可在每个清晨给植物叶片喷洒水雾，或者把花盆坐在浸水的石子托盘上

Acknowledgements

致谢

衷心感谢每一位参与这个写作项目的人，是你们的支持让我们走到了这里。

感谢 Thames & Hudson 出版社的普劳琳娜女士和她的团队。
感谢我们的出色团队：米歇尔、洛蕾塔和伊桑。
你们的辛勤劳作让我们完成了这本书。
感谢无私的内容提供者：希瑟·内特·金、西莫内·哈格、
史蒂夫·科登伊和伊丽莎白·巴尼特。
感谢诸位的慷慨大方。

非常感谢慷慨提供拍摄场地的人们：卡琳·哈米尔、
Bask 室内设计工作室的丹和米歇尔、
St Etienne Daylesford 公司的史蒂夫和莉娜、
The Plant Society 公司的贾森和内森、
The Jacky Winter 集团的杰里米和洛尔莱，
还有我们的朋友拉克尔和戴维。
你们的无私的支持让我们感动至深。

特别感谢我们的合作者兼好友：摄影师安妮特·奥布赖恩。
你帮助我们把这本书的构想变成了现实。

最后，再一次感谢所有给予过我们帮助的朋友和家人。